Lallemand.

hommage à son collègue
Mr Contejean —
Lallemand

Lallemand

Contejean.

RECHERCHES

SUR

L'ILLUMINATION DES CORPS TRANSPARENTS,

PAR

M. A. LALLEMAND.

Extrait des Annales de Chimie et de Physique, 4e série, t. XXII; 1871.

Lorsqu'on illumine par un faisceau de rayons solaires différents corps transparents, solides ou liquides, on observe des phénomènes variés qui dépendent de la nature de la substance employée. A ce point de vue, les corps peuvent se ranger sous trois catégories. Les uns n'ont pas de fluorescence appréciable et ne possèdent pas de pouvoir rotatoire; les seconds sont plus ou moins fluorescents, et comme les premiers n'exercent aucune déviation sur le plan de polarisation de la lumière incidente. Les derniers sont ceux qui ont un pouvoir rotatoire moléculaire, auquel vient s'ajouter souvent une fluorescence assez énergique. Je vais décrire d'abord les principaux phénomènes auxquels conduit l'observation immédiate, et j'exposerai ensuite le résultat des vérifications photométriques qui justifient les conclusions qu'il me semble permis d'en tirer.

L.   1

Si l'on opère sur un liquide, il est contenu dans un large tube de verre fermé à ses deux extrémités par des glaces parallèles. Le tube, placé horizontalement dans une chambre obscure, reçoit dans la direction de son axe un faisceau de rayons solaires réfléchi par un miroir métallique et rendu légèrement convergent par une lentille achromatique à long foyer. Un prisme de Foucault, interposé au besoin sur le trajet du faisceau, sert à polariser la lumière dans un plan déterminé. Les solides diaphanes, taillés en cylindre ou prismes droits, peuvent être soumis à l'expérience dans les mêmes conditions que les liquides.

Substances non fluorescentes.

Supposons que le tube renferme soit de l'eau pure, soit tout autre liquide non fluorescent tel que la partie la plus volatile de l'essence de pétrole, c'est-à-dire de l'hydrure d'amyle, et qu'on opère d'abord avec de la lumière neutre, ou du moins ne possédant que la faible polarisation elliptique due à la réflexion des rayons solaires sur le miroir argenté. En regardant le tube dans une direction transversale, on constate que le liquide s'illumine; en visant au travers d'un analyseur bi-réfringent, un nicol par exemple, normalement à l'axe du faisceau et dans un plan quelconque passant par cet axe, on reconnaît que l'extinction est complète quand la section principale du prisme est parallèle à l'axe du tube, c'est-à-dire que la lumière émise par le liquide dans une direction quelconque normale à l'axe du faisceau est entièrement polarisée dans un plan passant par l'axe; en inclinant le nicol sur l'axe dans les deux sens, l'extinction n'est plus totale, la lumière est partiellement polarisée et d'autant moins que l'inclinaison est plus grande. Le résultat, du reste, ne change pas si l'on opère sur les rayons solaires directs, en supprimant toute ré-flexion préalable.

Lorsque la lumière incidente est polarisée par le prisme de Foucault dans un plan que je supposerai dorénavant horizontal, le phénomène change. A la simple inspection du tube, on reconnaît que l'illumination a une intensité variable : elle est maximum dans une direction horizontale ; en regardant de haut en bas ou de bas en haut, l'obscurité est complète. On reproduit ainsi avec un milieu homogène, parfaitement transparent, l'expérience que M. Stockes a suggérée à M. Tyndall, dans ses recherches sur les condensations nuageuses que la lumière électrique détermine au sein d'un milieu raréfié renfermant des vapeurs décomposables. Mais la conclusion qu'on en peut déduire est bien différente : tandis que dans l'expérience de M. Tyndall, l'illumination peut être attribuée à un phénomène de réflexion sur des particules solides ou liquides extrêmement ténues, avec un milieu transparent et homogène, on ne saurait invoquer un phénomène de réflexion particulaire ; c'est une véritable propagation du mouvement vibratoire au sein de l'éther condensé du milieu réfringent qui a lieu dans toutes les directions, excepté dans la direction normale au plan de polarisation. On reconnaît d'ailleurs que la lumière émise est toujours *entièrement* polarisée dans un plan déterminé, et lorsqu'en particulier on donne à l'analyseur une direction horizontale quelconque, il est aisé de vérifier que le plan de polarisation primitif est encore celui de la lumière propagée transversalement.

Pour analyser le phénomène dans tous ses détails et en simplifier l'interprétation, il convient de modifier l'expérience de la manière suivante. Au lieu d'enfermer le liquide dans un tube cylindrique ou une cuve prismatique, on l'introduit dans un ballon de verre sphérique à mince paroi. Aux extrémités d'un même diamètre, le ballon est percé de deux ouvertures circulaires d'un à deux centimètres de diamètre sur lesquelles on mastique deux disques de glace mince bien parallèles. C'est au travers de ces deux disques que passe le filet de lumière polarisée; on vise alors invariablement le centre du ballon au travers d'un tube noirci et suivant un diamètre quelconque. Le résultat de cette première épreuve, c'est qu'il y a lumière émise avec des intensités variables dans tous les sens, excepté suivant la direction verticale. Autour de cette direction, l'intensité va croissant avec l'inclinaison, et devient maximum quand le tube a atteint une position horizontale. Ce maximum lui-même est variable avec l'azimut dans lequel le tube se trouve situé, et d'autant plus grand que l'angle de cet azimut avec le vertical passant par l'axe du filet lumineux est lui-même plus petit.

En adaptant au tube mobile qui sert à la visée un nicol analyseur, on constate que la lumière émise dans une direction quelconque est toujours *entièrement* polarisée. Quel que soit l'azimut où le tube se trouve placé, l'extinction a toujours lieu quand la section principale de l'analyseur est normale à cet azimut, c'est-à-dire que le plan de polarisation de la lumière émise est constamment perpendiculaire au plan azimutal qui contient les rayons émergents.

Les deux expériences que je viens de décrire constituent d'abord une sorte de vérification expérimentale du lemme d'Huygens qu'on invoque en particulier dans l'explication des phénomènes de diffraction; elles conduisent aussi à modifier la manière dont on l'interprète pour expliquer tous les phénomènes relatifs à la propagation du mouvement lumineux. Les opinions admises jusqu'à ce jour sur cette question ont été savamment développées par Verdet dans les leçons que M Levistal a recueillies et publiées. Conformément à l'opinion de Fresnel, Verdet admet que chaque point de l'onde primitive ne peut envoyer de mouvement qu'au delà du plan tangent à l'onde en ce point; par suite, l'onde élémentaire ne doit être regardée comme active que sur la moitié antérieure située au delà du plan tangent mené par son centre à l'onde primitive, tandis que sur l'autre moitié le mouvement vibratoire doit être regardé comme nul. D'un autre coté, l'intensité du mouvement vibratoire sur la demi-onde antérieure diminue très-rapidement suivant une loi inconnue, à partir de son sommet. Cette dernière conclusion est une conséquence inévitable de toutes les expériences de diffraction ; mais en attribuant, comme je le fais, l'illumination des milieux très-réfringents à la propagation latérale du mouvement lumineux, on est conduit à admettre que l'onde élémentaire est active par tous les points de sa surface et que le mouvement vibratoire émané de chaque point de l'onde primitive se propage en arrière du plan tangent. Quelques expériences photométriques m'ont conduit à admettre qu'à partir d'une petite distance de la normale à l'onde primitive, l'intensité du mouvement vibratoire éprouve un affaiblissement rapide, pour conserver ensuite une valeur constante sur toute la surface de l'onde élémentaire. Cette hypothèse est celle que j'adopterai, tout en reconnaissant que, dans certains cas, l'expérience semble indiquer une diminution graduelle d'intensité à partir du sommet antérieur de l'onde élémentaire, jusqu'à son sommet postérieur. Quant à la réalité du mouvement vibratoire en arrière du plan tangent à l'onde lumineuse, elle était déjà démontrée par les phénomènes de diffraction antérieurs à l'écran diffringent que M. Knokenhauer a particulièrement étudiés.

Avant d'aller plus loin, il importe d'écarter l'opinion soutenue par M. Soret, qui attribue tous les phénomènes d'illumination que j'ai fait connaître à une réflexion sur des particules solides très-ténues, que les liquides tiennent inévitablement en suspension. Je reconnais, en effet, que les expériences de cette nature n'offrent d'autre difficulté que celle qu'on éprouve à obtenir des liquides bien purgés de poussières ou corpuscules de diverses natures, qui deviennent le siége d'une réflexion diffuse ou spéculaire, et nuisent à la netteté du résultat. L'eau en particulier, dont l'illumination est faible, se purifie très-difficilement; il faut la distiller dans des conditions particulières, relier le vase où on la reçoit avec le réfrigérant, de manière à éviter toute communication immédiate avec l'air extérieur, et balayer d'avance tout l'appareil avec un courant de gaz ou de vapeur. Malgré ces précautions, on n'arrive pas toujours à une pureté absolue, les organismes ou débris d'organismes qui flottent dans l'atmosphère restent en suspension dans l'eau et dans les dissolutions salines aqueuses, et le repos ne suffit pas dans bien des cas, pour déterminer leur précipitation. Mais il n'en est pas de même des liquides organiques très-mobiles, tels que l'acétone, les alcools méthylique et éthylique, le sulfure de carbone, les carbures hydrogénés et surtout les hydrocarbures saturés qu'on retire de l'essence de pétrole, traitée préalablement par les acides azotique et sulfurique et rectifiée sur de la chaux vive. Les poussières organiques de l'atmosphère s'y dessèchent rapidement et se déposent ensuite avec facilité.

Pour lever tous les doutes qui pourraient subsister dans quelques esprits sur le rôle que jouent les poussières atmosphériques dans le phénomène de l'illumination, je ferai remarquer que l'acide sulfurique concentré, lorsqu'il vient d'être rectifié, s'illumine à la manière de l'eau pure; mais au bout de quelques jours, pour peu qu'il ait été mis en contact avec l'air, il prend une légère coloration, et l'illumination change de nature. Ce n'est plus cette traînée de lumière estompée, homogène, qu'on avait d'abord observée. A distance, l'illumination semble formée d'un amas de petits globules lumineux qui se détachent sur un fond moins éclairé. En observant de plus près, à l'aide d'une loupe, on s'aperçoit que l'illumination est due en partie à des stries fines et colorées de toutes les nuances prismatiques. Ici, le phénomène de l'illumination est évidemment compliqué d'une réflexion sur les deux surfaces de minces filaments transparents et des couleurs d'interférence qui en sont la conséquence. Aussi l'acide sulfurique concentré, qui attaque et retient avec tant d'énergie les corpuscules atmosphériques, est-il éminemment propre à la purification de l'air et des gaz. L'acide sulfureux, desséché par l'acide sulfurique, en prenant la précaution de recouvrir l'extrémité du tube abducteur d'une toile métallique en fils de platine qui divise le gaz en bulles microscopiques, s'obtient ainsi parfaitement pur; et si on l'amène au fond d'un ballon dont le col a été préalablement étiré, on peut, quand le courant gazeux a été longtemps soutenu, liquéfier l'acide sulfureux, sceller immédiatement le ballon à la lampe, et obtenir de la sorte un liquide d'une pureté absolue, que les rayons illuminent néanmoins avec énergie. Dans ce cas, l'intervention des poussières atmosphériques ne saurait être invoquée, et le phénomène ne peut être attribué qu'à la propagation latérale du mouvement vibratoire. L'intensité de cette propagation est d'ailleurs déterminée par la densité de l'éther du milieu réfringent, et sans doute aussi par sa condensation autour de chaque molécule du corps.

Substances fluorescentes

Cette opinion est rendue plus probable et en quelque sorte confirmée par les phénomènes plus complexes qu'offrent les liquides fluorescents. Je suppose qu'on soumette à l'action du faisceau polarisé une dissolution aqueuse d'esculine ou de sulfate de quinine, le liquide observé dans une direction verticale, s'illumine d'une teinte bleue uniforme dont l'intensité va décroissant depuis la face d'incidence jusqu'à l'extrémité du tube : cette lumière est neutre à l'analyseur. En visant horizontalement, l'illumination est bleue à l'origine du tube, et devient blanche vers l'extrémité opposée. Le nicol montre que cette lumière est

partiellement polarisée dans le plan primitif, et dans la
position d'extinction laisse persister une teinte bleue iden-
tique à celle qu'on observe directement au même point en
visant de haut en bas. L'analyseur permet ainsi d'arrêter
toute la lumière résultant de la propagation latérale, et ne
laisse passer que la lumière neutre engendrée par la fluorescence. Ce procédé offre un moyen commode d'isoler et
d'analyser l'illumination due exclusivement à la fluorescence.

En faisant précéder, au contraire, le tube à l'expérience,
d'une cuve renfermant une dissolution plus concentrée du
même liquide, qui arrête tous les rayons excitateurs violets
ou extra-violets, le liquide renfermé dans le tube se comporte comme l'eau pure ou tout autre liquide non fluorescent, et paraît complétement obscur dans le sens vertical.
Une particularité qu'il importe de signaler, c'est que la
lumière polarisée que j'attribue à la propagation latérale
du mouvement lumineux, analysée au spectroscope, renferme, comme les rayons incidents, les raies principales du
spectre solaire, tandis que la lumière fluorescente a un ca-
ractère particulier qui dépend de la substance employée.
C'est ainsi qu'avec le verre ou l'azotate d'urane, on retrouve
les bandes vertes caractéristiques signalées par MM. Stockes
et Edmond Becquerel.

Ce mode d'analyse conduit d'ailleurs à cette conséquence,
que la fluorescence est beaucoup plus commune dans les
liquides qu'on ne l'avait supposé. Si elle n'a pas été remar-
quée dans un grand nombre de liquides et même de solides
qui la possèdent, c'est que tous les rayons du spectre sont
susceptibles, dans bien des cas, de provoquer le phénomène,
et que la fluorescence, au lieu de se produire avec un maximum d'éclat et une couler propre au contact de la face
d'incidence, se manifeste dans toute la masse du corps que
la lumière traverse, et sans couleur propre bien tranchée.

Prenons comme exemple le sulfure de carbone, rectifié

sur de la chaux vive et mis en contact avec du cuivre réduit par l'hydrogène : il est alors parfaitement incolore, et,
soumis à l'action des rayons polarisés, il s'illumine sur
toute la longueur du tube, et dans toutes les directions,
d'une teinte blanche légèrement bleuâtre. En visant horizontalement avec un polariscope, on y reconnaît encore la
présence d'une certaine proportion de lumière polarisée,
tandisque, dans le sens vertical, la lumière émise est neutre,
entièrement due à la fluorescence, et l'analyse spectrale y
révèle toutes les couleurs prismatiques et quelques-unes
des raies du spectre solaire.

En opérant avec une lumière homogène, on reconnaît
en effet que les rayons rouges, par exemple, excitent dans
le sulfure carbonique une fluorescence rouge, et qu'en dé-
finitive les atomes de ce liquide vibrent à l'unisson de
tous les rayons lumineux du spectre, excepté les rayons
chimiques, qui, lorsqu'ils n'éprouvent pas une absorption
spéciale, sont en général transformés en rayons faiblement
lumineux de moindre réfrangibilité. La plupart des liquides,
le verre et le cristal eux-mêmes sont à divers degrés fluorescents à la manière du sulfure de carbone, et je n'oserais
pas affirmer qu'il existe un seul liquide transparent entièrement dépourvu de cette propriété.

*Vérification expérimentale de l'hypothèse de Fresnel sur
la direction du mouvement vibratoire dans un rayon
de lumière naturelle ou polarisée.*

Revenons maintenant aux deux expériences fondamen-
tales que j'ai décrites au début de ce Mémoire. La première,
dans laquelle on voit la lumière naturelle propager normalement au faisceau incident des rayons complétement polarisés, et dans une direction oblique de la lumière partiellement polarisée, suffit à elle seule pour justifier les
hypothèses de Fresnel, et démontre en même temps que

L.   2.

le mouvement vibratoire de l'éther est perpendiculaire au
rayon dans la lumière naturelle, rectiligne et normal au
plan de polarisation dans la lumière polarisée La seconde
vient à l'appui de la première : elle démontre en effet qu'il
n'y a pas de mouvement propagé dans une direction normale au plan de polarisation. Or *Fresnel* a conclu mathé-
matiquement de la non-interférence des rayons polarisés
à angle droit, que dans les rayons de cette nature la vibration était rectiligne et normale au plan, ou dirigée suivant
le plan de polarisation. Mais les lois expérimentales de la
polarisation n'ont pas permis de décider l'importante
question de savoir si la vibration est parallèle ou perpendiculaire. Les phénomènes d'illumination montrent que la
seconde hypothèse est seule admissible ; les vibrations éthé-
rées ne se propagent pas normalement au plan, ou du
moins ne peuvent exciter dans cette direction que des ondes
longitudinales analogues aux ondes aériennes, lesquelles
ne déterminent aucun effet lumineux.

En partant de cette donnée, on explique très-simplement
les variations d'intensité et la direction variable du plan de
polarisation de la lumière émise, tandis que ces effets si
complexes ne sauraient se concilier avec l'hypothèse d'une
réflexion particulaire.

Soient F le faisceau cylindrique des rayons solaires polarisés dans un plan horizontal (*fig.* 1), O le centre du bal-

Fig. 1.

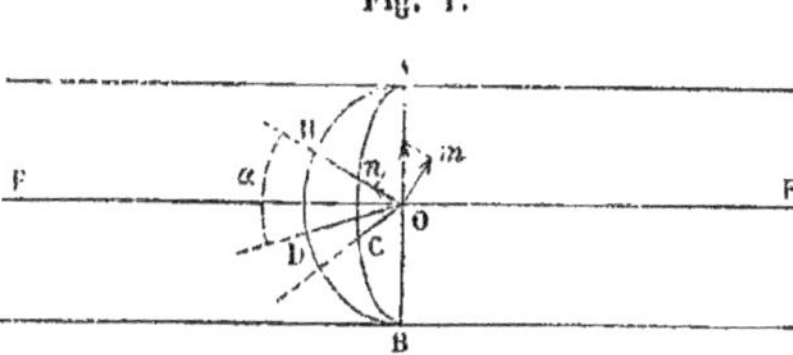

lon sphérique illuminé, ACB la section droite du cylindre,
et ADB une section oblique faisant avec la première un

angle $COD = \omega$. Supposons que OH, contenu dans cet azimut oblique, représente la ligne de visée et fasse avec sa projection horizontale OD un angle $HOD = \alpha$. Une vitesse de vibration dirigée suivant OA admet deux composantes : l'une ON, dirigée suivant OH, ne produit dans cette direction aucun effet lumineux ; l'autre OM, perpendiculaire à ON, engendrera un rayon polarisé dans un plan normal à l'azimut ABD, conformément à l'expérience.

Pour calculer l'intensité de la lumière émise suivant OH, il suffit de remarquer qu'elle est proportionnelle au carré de la vitesse composante OM, ainsi qu'à la profondeur OH du faisceau lumineux, en supposant que ce faisceau ait un diamètre très-petit, relativement à la distance à laquelle se trouve l'observateur [1]. Elle s'exprimera donc par $k.\overline{OH}.\cos^2 \alpha$, en représentant par k un coefficient variable avec le corps soumis à l'expérience, et si l'on prend comme unité la vitesse de vibration verticale et le demi-diamètre OA du faisceau lumineux.

Or OH représente le diamètre variable d'une ellipse dont l'équation est

$$x^2 \cos^2 \omega + y^2 = 1,$$

d'ou l'on déduit aisément

$$\frac{1}{\overline{OH}^2} = 1 - \cos^2 \alpha \sin^2 \omega ;$$

---

[1] Soient en effet b la distance de l'œil à l'axe du filet lumineux, δ le demi-diamètre du filet suivant la ligne de visée et x la distance d'un point lumineux de ce diamètre à l'axe du faisceau ; en admettant que la quantité de lumière envoyée à l'œil par les divers points de ce diamètre est la somme arithmétique des éclairements de chacun d'eux, elle sera proportionnelle à l'expression suivante :

$$\int_{-\delta}^{+\delta} \frac{dx}{(b+x)^2} = \frac{2\delta}{b^2 - \delta^2} ;$$

d'où il suit que si δ est une fraction suffisamment petite de b, cette intégrale définie est sensiblement proportionnelle à δ, c'est-à-dire au diamètre du filet lumineux.

l'intensité du rayon propagé dans la direction OH sera par conséquent

$$I = \frac{k \cos^2 \alpha}{\sqrt{1 - \cos^2 \alpha \sin^2 \omega}}.$$

L'appareil photométrique, dont j'ai fait usage pour vérifier cette formule est fondé sur la méthode indiquée par Arago, et ne diffère que par quelques dispositions spéciales des appareils analogues imaginés par MM. Bernard et Edmond Becquerel; il se compose d'un tube coudé ABCL (*fig.* 2); la partie AB porte deux nicols, l'un N mobile au

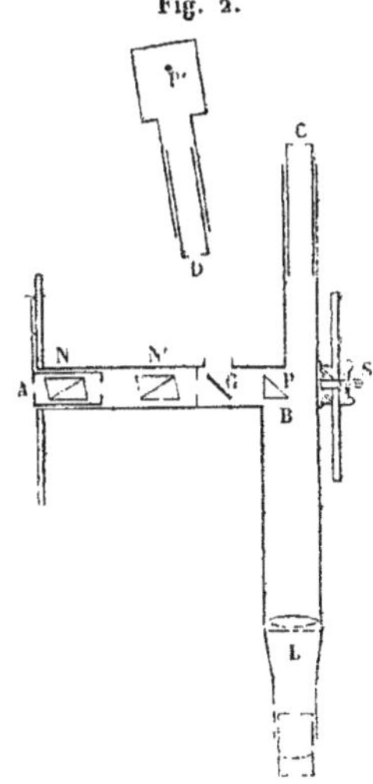

Fig. 2.

centre d'un cercle gradué et l'autre N′ reste fixe pendant l'expérience; en P est un prisme à réflexion totale; une lampe à modérateur, placée à distance dans une boîte noircie, envoie de la lumière qui, après avoir traversé un diaphragme rectangulaire ou semi-circulaire et les deux nicols, est réfléchie par le prisme P et donne, à l'aide d'une

petite lunette de Galilée L, une image nette du diaphragme.
Le tube BC est dirigé vers le centre du ballon sphérique
contenant le liquide illuminé et porte aussi à son extrémité
un diaphragme semblable à celui qui précède le nicol
mobile. Derrière une petite fenètre que porte le tube AB
est une petite glace G non étamée et mobile en tout sens.
Le photomètre est porté sur un pied vertical, et pivote en
S au centre d'un cercle gradué, de manière à donner au
tube CL toutes les inclinaisons possibles ; la lunette de
Galilée peut être au besoin supprimée, et j'ai souvent trouvé
avantage à viser à l'œil nu les deux diaphragmes.

Supposons d'abord que le photomètre soit dirigé normalement au faisceau lumineux : dans ce cas, $\omega = 0$ et la formule précédente se réduit à

$$I = k \cos^2\alpha,$$

c'est-à-dire que l'intensité de la lumière émise variera
comme le carré du cosinus de l'angle que fait le rayon
émergent avec sa projection horizontale. La vérification
photométrique est alors des plus simples. On fait coïncider
les sections principales des deux nicols, et le photomètre
ayant une direction horizontale, on tourne le polariseur
de 90 degrés, de manière à ne recevoir, suivant CL, que
la petite quantité de lumière neutre fluorescente que la
substance illuminée peut émettre. On dispose alors, en
avant de la glace G, une petite lampe à essence de pétrole
P' placée au fond d'un large tube, muni d'un diaphragme
D semblable aux diaphragmes C et A. Des verres ou des
auges à liquides colorés, placés devant le diaphragme D,
permettent d'établir l'égalité des teintes, condition indispensable pour juger avec le plus de précision possible de
l'égalité des lumières, et à laquelle j'ai toujours satisfait.

Quand cette condition est réalisée et que la lumière due
à la fluorescence est équilibrée par un éclairement égal, le
polariseur est ramené à la position première, c'est-à-dire

que le plan de polarisation des rayons incidents est de
nouveau rendu horizontal ; l'œil reçoit ainsi, au travers du
diaphragme C, la somme des deux lumières neutre et polarisée qui constituent l'illumination ; la lampe placée au
devant du nicol mobile intervient alors pour établir l'égalité, et l'œil voit, au travers de la lunette juxtaposée, d'un
côté l'image illuminée du diaphragme C, et de l'autre
les images superposées des deux diaphragmes D et A. Cette
superposition s'établit aisément à l'aide des mouvements
qu'on peut donner au prisme P et à la glace G. L'égalité
des deux images étant établie pour le maximum d'illumination, il n'est pas nécessaire, pour effectuer la vérification,
de déplacer le photomètre ; il suffit de tourner le polariseur
d'un certain angle α, et pour maintenir l'égalité des lumières, le nicol mobile devra être dévié d'un angle égal,
si la loi du cosinus signalée plus haut est exacte. C'est ce
que j'ai toujours vérifié avec toute la précision que comporte ce genre de mesures, aussi bien sur le verre et le cristal que sur différents liquides, qu'il suffit dans ce cas de
placer dans des auges rectangulaires. Lorsque l'égalité des
lumières est bien établie au départ, elle se maintient pour
des rotations égales quelconques du polariseur et du nicol
photométrique ; il importe d'ailleurs d'opérer par un ciel
très-pur et vers le milieu du jour, pour écarter toute influence due à la variation d'intensité des rayons solaires.
Voici quelques nombres obtenus avec un prisme de cristal
dont l'illumination était vive et la fluorescence faible.

Rotation du polariseur...	15.00′	30.00′	45.00′	60.00′	75.00′
Rotation du prisme photo-métrique............	14.38	30.25	44.16	59.40	74.22

J'ai cherché aussi à vérifier la formule générale d'intensité établie plus haut en plaçant le liquide dans un ballon
sphérique portant deux disques de glace parallèles ; il faut
alors disposer le photomètre et ses accessoires, sur une

tablette mobile autour de la verticale passant par le centre
du matras qui contient le liquide illuminé, de manière à
mesurer l'angle ω. L'inclinaison donnée à l'axe CL du photomètre se mesure sur le cercle qui lui sert de support, et
représente α.

Considérons d'abord le cas où, le photomètre conservant
une direction horizontale, ω seul varie; la formule d'intensité se réduit à

$$I = \frac{k}{\cos\omega}.$$

Les sections principales des deux nicols photométriques
étant parallèles, si l'on établit l'égalité des lumières lorsque
le photomètre vise dans l'azimut ω, l'intensité de l'illumination va diminuer, lorsqu'on ramènera l'instrument dans
l'azimut normal au faisceau lumineux; et pour maintenir
l'égalité, il faudra dévier le nicol mobile d'un angle x
tel, que $\cos^2 x = \cos\omega$.

Je choisis, parmi les différentes épreuves que j'ai effec-
tuées, les nombres suivants obtenus avec de l'hydrure
d'hexyle très-pur :

	Trouvé.	Calculé.	
$\omega = 30°$	$x = 21.28'$	$x = 22.8'$	$21.6'$
45	32.46	33.24	32.54
60	45.00	46.4	44.00

Les deux valeurs de x correspondantes à une même valeur
de ω sont relatives à deux inclinaisons égales et symétriques
par rapport à l'azimut normal au faisceau; la première valeur est celle qui a été obtenue en inclinant le photomètre
du côté du faisceau émergent, et la seconde, toujours un peu
plus faible que la première, surtout pour les plus grandes
valeurs de ω, est celle qui correspond à une inclinaison
égale et symétrique du côté du faisceau incident. Avec
quelques liquides, tels que le collodion, qui s'illuminent

vivement, j'ai obtenu souvent des différences plus considérables, que j'attribue à un défaut de limpidité du liquide qui peut tenir en supension quelques particules solides, mais qui tiendrait peut-être aussi, comme je l'ai déjà fait remarquer, à ce que la propagation du mouvement vibratoire en arrière de l'onde incidente éprouve une résistance plus grande que dans la direction opposée.

Mais si l'on se borne à comparer les intensités dans un même azimut oblique, ω restant invariable, tandis que α seul varie, la formule se vérifie avec plus d'exactitude. Dans ce cas, pour la rendre calculable par logarithmes, on a recours à un angle auxiliaire en posant

$$\cos\alpha\sin\omega = \cos\varphi,$$

d'où

$$I = \frac{k\cos^2\alpha}{\sin\varphi}.$$

Le photomètre visant au centre du ballon illuminé dans une direction horizontale, on établit l'égalité des lumières et en inclinant ensuite le photomètre d'un angle α, l'intensité doit diminuer dans le rapport de $\dfrac{I}{\cos\omega}$ à $\dfrac{\cos^2\alpha}{\sin\varphi}$, et pour rétablir l'égalité, il suffit de dévier le nicol du photomètre d'un angle x déterminé par la relation

$$\cos^2 x = \frac{\cos\omega\cos^2\alpha}{\sin\varphi}.$$

Voici le résultat d'une expérience exécutée sur le collodion dans l'azimut de 45 degrés, d'où

$$\omega = 45°.$$

		Calculé.	Trouvé.
$\alpha = 30°$	$\varphi = 52°.14'$	$x = 35°.00'$	$x = 34°.34'$
45	60 00	50.17	51.6
60	69.18	64.14	63.44

Ce mode de vérification, qui exige le déplacement du photomètre, est peu commode et nécessite une manœuvre laborieuse ; pour équilibrer exactement dans toutes les positions de l'instrument la lumière fluorescente qui est variable avec la profondeur du filet lumineux, il est indispensable alors de placer, en arrière du diaphragme C, un troisième nicol mobile qui offre l'inconvénient d'affaiblir l'illumination ; aussi n'ai-je pas multiplié les essais de cette nature, et j'ai préféré conserver au photomètre, dans chaque azimut, la direction horizontale, et déterminer une variation d'intensité dans cette direction par la rotation du polariseur. L'intensité de l'illumination suivant cette direction invariable se calcule, dans ce cas, de la manière suivante.

Soient OF (*fig.* 3) l'axe du filet lumineux, O le centre de

Fig. 3.

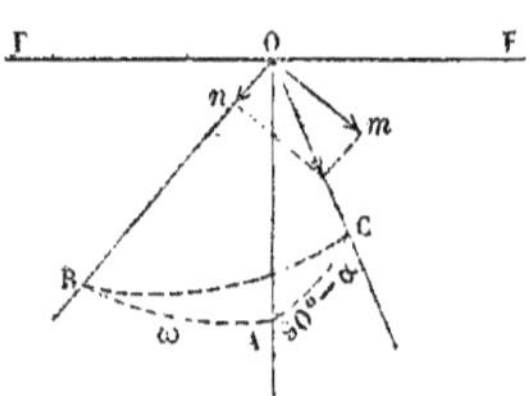

la sphère illuminée, OB la ligne divisée faisant un angle ω avec la trace horizontale OA de l'azimut normal au faisceau, OC une ligne située dans cet azimut et faisant avec OA l'angle COA $= 90° - \alpha$. Si le plan de polarisation de la lumière incidente, supposé d'abord horizontal, est dévié d'un angle α, il est évident que OC représentera la direction du mouvement vibratoire au point O. Une vitesse de vibration suivant cette direction admet deux composantes, l'une ON qui ne produira dans la direction OB aucun effet lumineux, l'autre OM perpendiculaire à OB qui sera seule efficace.

L.   3

L'intensité lumineuse suivant OB sera proportionnelle au carré de cette composante OM, et aura évidemment pour valeur

$$I = \frac{k \sin^2 COB}{\cos \omega}.$$

Posons $COB = \beta$, on voit que β est l'hypoténuse d'un triangle sphérique rectangle, dont ω et $\frac{\pi}{2} - \alpha$ sont les deux autres côtés ; d'où

$$\cos \beta = \cos \omega \sin \alpha,$$

et, par suite, l'expression de l'intensité sera

$$I = \frac{k(1 - \cos^2 \omega \sin^2 \alpha)}{\cos \omega}.$$

Posons $\alpha = 0$, elle se réduit à $\frac{k}{\cos \omega}$, valeur déjà trouvée. Pour $\alpha = 90°$, elle devient

$$I = \frac{k \sin^2 \omega}{\cos \omega}.$$

Qu'on établisse l'égalité photométrique lorsque $\alpha = 0$ et qu'on fasse ensuite tourner le polariseur de 90 degrés, l'intensité de l'illumination est diminuée dans le rapport de 1 à $\sin^2 \omega$, et pour rétablir l'égalité il faudra dévier le nicol mobile de l'angle complémentaire $(90° - \omega)$.

En général, si la rotation du polariseur est un angle quelconque α, l'intensité diminue dans le rapport de 1 à $\sin^2 \beta$, et l'égalité des éclairements est rétablie lorsque le prisme photométrique est dévié d'un angle x tel, que $\cos^2 x = \sin^2 \beta$; d'où $x = 90° - \beta$. J'ai exécuté un grand nombre de déterminations par cette nouvelle méthode, et obtenu des résultats suffisamment précis. Je transcris ici quelques nombres obtenus avec l'hydrure d'heptyle bouillant à 95 degrés, et en opérant dans un azimut incliné sur le faisceau lumineux émergent.

PREMIÈRE SÉRIE. $\omega = 30°$.

	Calculé.	Trouvé.
$\alpha = 20°$	$x = 17.13'.40''$	$16.22'$
40	30.49.30	29.18
60	48.35.20	49. 4
80	58.31.30	57.14
90	60.00.00	60.28

DEUXIÈME SÉRIE. $\omega = 45°$.

	Calculé.	Trouvé.
$\alpha = 20°$	$x = 14.00'.00''$	$12.54'$
40	27. 2.00	26.12
60	37.45.40	37. 2
80	44.08.10	43.10
90	45.00.00	44.00

TROISIÈME SÉRIE. $\omega = 60°$.

	Calculé.	Trouvé.
$\alpha = 20°$	$x = 9.50'.50''$	$8.36'$
40	18.44.50	17.22
60	25.39.30	24.40
80	29.30.00	28.04
90	30.00.00	29.10

En procédant comme je viens de l'indiquer, le plan de polarisation de la lumière émise change à chaque nouvelle déviation du polariseur, et tandis que, pour $\alpha = 0$ il est horizontal, il devient vertical lorsque $\alpha = 90°$. Pour une autre valeur de α, la rotation du plan de polarisation est représentée par le complément de l'angle B du triangle sphérique ABC. La valeur de cet angle se détermine par la relation

$$\tan(90° - B) = \tan\alpha \sin\omega.$$

La déviation observée s'accorde très-exactement avec cette formule, et c'est une nouvelle vérification qui s'ajoute aux précédentes pour justifier l'explication que je donne du phénomène de l'illumination.

Voici quelques déterminations obtenues avec du collodion et de l'alcool ordinaire

$$\omega = 30°.$$

		Collodion		Alcool.
		Calculé.	Trouvé.	
$z = 20$	$90° - B =$	10.18 50″	9.18	9.04
40		22.45.40	21.56	22.00
60		40.53.40	40.06	39.50
80		70.34.30	69.16	68.56

$$\omega = 60°.$$

		Collodion		Alcool.
		Calculé.	Trouvé.	
$z = 20$	$90° - B =$	17.29.45″	17.10	16.44
40		36.00.20	36.52	35.12
60		56.18.35	55.50	55.30
80		78.29.30	77.14	78.02

Illumination des substances solides.

Les solides transparents homogènes, tels que le verre et le cristal, se comportent comme les liquides et s'illuminent avec énergie dans le plan de polarisation, tandis que, dans une direction normale à ce plan, on observe une teinte neutre, le plus souvent colorée en jaune-verdâtre. Lorsqu'on opère avec un faisceau concentré par une lentille de quartz taillée parallèlement à l'axe optique et dont la section principale coïncide avec celle du polariseur, les premières couches ont une teinte bleue comparable à celle d'une solution d'esculine, qui est due à l'action excitatrice des rayons ultra-violets. Cette fluorescence bleue est surtout très-vive avec certains échantillons de crown, comme on l'observe du reste dans un grand nombre de tubes de Geissler. Le crown à base de potasse présente de grandes différences au point de vue de la fluorescence et de l'illumination latérale. Un prisme de fabrication ancienne, qui renfermait de nombreuses stries et dont la densité était 2,46, s'illuminait médiocrement, et sa fluorescence était à peine sensible. Un autre prisme d'origine récente, dont la densité était 2,563, avait une fluorescence verdâtre très-vive, et une illumination latérale relativement assez faible. Il ne serait pas impossible qu'à la longue, sous l'influence de la lumière, l'illumination et la fluorescence du verre éprouvent des changements appréciables.

Le flint rayonne avec beaucoup plus d'intensité que le crown dans le plan de polarisation. La traînée lumineuse est blanche, et l'on y distingue très-nettement toutes les raies du spectre solaire. La lumière fluorescente y est variable de couleur, ordinairement jaunâtre, et dans quelques variétés de flint lourd d'une teinte rouge-brique peu intense. Ce qu'il importe de remarquer, c'est que le faisceau lumineux qui traverse un prisme de verre ou de cristal, y fait apparaître de très-petites bulles d'air invisibles, même à l'aide d'une loupe, à la lumière diffuse; elles donnent naissance à un jet de lumière qui se distingue très-nettement de l'illumination générale qu'on ne saurait leur attribuer.

Parmi les substances cristallisées sur lesquelles j'ai pu faire des observations, le spath fluor incolore et transparent se comporte comme le verre, avec cette différence que la traînée de lumière fluorescente est d'un beau violet. Le sel gemme et le spath d'Islande ne s'illuminent pas d'une manière sensible sur le trajet du faisceau lumineux. On sait pourtant, d'après les travaux de M. Edmond Becquerel, que ces substances sont phosphorescentes et qu'elles donnent au phosphoroscope une lueur orangée; mais c'est

alors une illumination générale que la lumière excite dans
toute la masse, et qui n'est pas sensiblement plus vive sur
le trajet des rayons qu'en tout autre point. Quant à l'illumination par propagation directe du mouvement vibratoire,
elle n'est pas appréciable. Il faut remarquer, en effet, que
ces deux substances sont très-perméables à toutes sortes de
radiations, et qu'il existe pour chaque corps transparent et
pour chacune des radiations simples, un coefficient d'illumination complémentaire du coefficient de transmission.

C'est là une conséquence de mes recherches qu'il faut
signaler. Lorsqu'un milieu diaphane n'a pas de fluorescence sensible, l'absorption partielle d'une radiation simple
par une épaisseur déterminée de ce milieu, résulte de la
propagation latérale du mouvement vibratoire qui lui correspond; on s'explique alors la fonction exponentielle par
laquelle on représente la quantité de lumière transmise,
et que les expériences de MM. Jamin et Masson ont justi-
fiée. Lorsqu'une fluorescence énergique vient s'ajouter à
l'illumination par propagation directe, le phénomène de
l'absorption se complique, et il est évident que, pour certaines radiations, la loi de l'absorption telle qu'elle est for-
mulée devient inexacte et n'a plus qu'une valeur approximative; il ne faut donc pas s'étonner que le sel gemme et
le spath d'Islande aient un coefficient d'illumination extrêmement faible; il en est de même pour le cristal de roche.

Illumination chromatique.

Lorsque le faisceau lumineux traverse le quartz dans
une direction quelconque, sa trace est invisible dans l'in-
térieur du cristal, et, lorsqu'elle apparaît, ce n'est que pour
trahir un défaut d'homogénéité, des failles cristallines sur
lesquelles s'opère une réflexion spéculaire. C'est ce qu'on
observe dans le quartz enfumé, en apparence le plus homogène, où il m'a été impossible, à cause de cette circon-

stance, de reconnaître une illumination bien prononcée.
Lorsque le filet lumineux traverse un prisme de quartz
hyalin suivant son axe optique, la rotation du plan de
polarisation, variable pour chaque couleur simple, devrait développer sur une très-faible épaisseur cette coloration prismatique latérale que présentent, comme nous
le verrons bientôt, tous les liquides doués du pouvoir rotatoire; on n'observe pourtant rien de semblable. Le quartz
est avec le sel gemme la substance transparente par excel-
lence, et en même temps que son coefficient d'illumination
est extrêmement faible, sa fluorescence est nulle.

Mais s'il est impossible de manifester directement sur le
quartz, par le fait de l'illumination, la rotation du plan
de polarisation, on y réussit aisément en l'associant à une
substance non fluorescente et dont le coefficient d'illumination soit très-élevé. Le collodion non ioduré, incolore
et bien transparent, est précieux pour cette expérience;
lorsqu'une auge cylindrique, remplie de ce liquide, est
vivement illuminée par le faisceau polarisé horizontalement, et que dans la direction verticale, il est obscur, il
suffit d'interposer sur le trajet du rayon une lame de
quartz perpendiculaire à l'axe, pour voir apparaître
aussitôt la lumière dans cette direction. Si le faisceau
incident est homogène, la bande horizontale qui offre
le maximum d'illumination se déplace de haut en bas ou
de bas en haut, suivant que le quartz est droit ou gauche.
Le déplacement angulaire est d'ailleurs égal à la rotation
qu'il faudrait imprimer à un analyseur biréfringent, placé
sur le trajet du faisceau émergent, pour éteindre l'une des
deux images. Avec la lumière blanche et un quartz qui
donnerait à l'image effacée de l'analyseur la teinte rouge,
on voit dans la direction verticale apparaître une illumination de même nuance, tandis que, dans la direction horizontale, l'illumination blanche est remplacée par une bande
colorée de la teinte verte complémentaire. Entre ces posi-

tions extrêmes, le cylindre de collodion présente toutes les nuances intermédiaires, indiquant par leur ordre de succession le sens de la rotation. Cette expérienc réussit bien avec un grand nombre de substances autres que le collodion. Je citerai l'alcool absolu, une solution aqueusee concentrée d'azotate d'argent ou de mercure, une dissolution de phosphore dans le sulfure de carbone, le protochlorure de phosphore, le bichlorure de carbone, etc.

En disposant sur le trajet du rayon émergent un nicol analyseur suivi d'un prisme à réflexion totale, j'ai pu comparer simultanément la teinte de l'image que donne l'analyseur dont la section principale a été déviée d'un certain angle, et celle que présente le collodion dans le méridien correspondant; on reconnaît alors que dans tous les cas ces deux teintes sont identiques. C'est la confirmation la plus rigoureuse des conclusions théoriques que j'ai formulées précédemment. Si, en effet, l'intensité de la lumière émise normalement au faisceau varie proportionnellement au carré du cosinus de l'angle que fait la ligne de visée avec le plan de polarisation du rayon incident, les formules de Biot qui servent à calculer, d'après la règle de Newton, la composition des teintes de l'une des deux images de l'analyseur biréfringent s'appliquent rigoureusement à la détermination des nuances successives que présente le collodion entre deux méridiens rectangulaires. Une petite auge cylindrique contenant un liquide non fluorescent ou bien un cylindre de flint pesant fonctionnent dès lors comme un véritable analyseur, et peuvent, comme lui, mettre en évidence le pouvoir rotatoire du cristal de roche ou de toute autre substance douée de la même propriété.

Illumination des liquides à pouvoir rotatoire.

Les phénomènes que je viens d'analyser laissent pressentir les curieux effets qu'offrent les liquides doués du

pouvoir rotatoire, quand on les soumet à l'action du faisceau polarisé. Prenons un tube de 70 à 80 centimètres
de longueur, rempli d'une solution concentrée de sucre
de canne et qu'il soit d'abord illuminé avec une lumière
rouge homogène ; la solution n'ayant pas de fluorescence
bien sensible, si l'on regarde le tube verticalement dans le
voisinage de l'incidence il paraît obscur. Dans une direction horizontale, au contraire, il émet une vive lumière ;
jusque-là, le phénomène est conforme à celui que présentent tous les liquides peu fluorescents. Mais en s'éloi-
gnant de la face d'incidence, on remarque qu'il faut tourner autour du tube, de gauche à droite, et viser dans une
direction de plus en plus inclinée, pour apercevoir la bande
illuminée. En traçant sur le tube la direction moyenne de
cette bande, il est aisé de vérifier que cette ligne courbe
est une hélice dont le pas est justement représenté par la
longueur de la colonne du liquide actif, qui ferait tourner
le plan de polarisation de la lumière incidente de 360 degrés. La longueur du pas diminue quand la réfrangibilité
de la lumière augmente, suivant la loi approximative donnée par Biot. Pour rendre la vérification plus précise, il
vaut mieux, comme je l'ai fait plusieurs fois avec des dissolutions à divers degrés de concentration, mesurer directement le pouvoir rotatoire de la dissolution par le procédé
usuel, et en conclure la longueur du pas de l'hélice, qu'on
peut alors tracer d'avance sur le tube dans lequel on observe l'illumination. J'ai constaté ainsi que le maximum
d'éclat coïncide invariablement avec la ligne héliçoïdale déjà
marquée. La longueur du tube sur laquelle cette coïnci-
dence s'observe est d'ailleurs limitée par celle où le faisceau lumineux légèrement convergent peut être regardé
comme ayant un diamètre sensiblement constant.

Avec la lumière blanche, l'effet se complique ; toutes
les hélices lumineuses correspondantes aux divers rayons
simples qui la composent se superposent à l'origine du

tube et donnent de la lumière blanche; mais elles se sé-
parent bientôt et produisent une illumination latérale prismatique de l'effet le plus curieux. Si l'on dirige le rayon
visuel de gauche à droite, autour d'une section déterminée du tube, on voit les teintes mixtes se succéder dans
l'ordre de réfrangibilité; en regardant, au contraire, dans la
direction d'une génératrice du cylindre et en allant de l'origine du tube à son extrémité, on observe la même succession de nuances prismatiques. Le calcul d'une teinte mixte
en un point déterminé du tube s'obtiendrait encore aisément à l'aide des sommations de Biot et de la règle de
Newton; mais cette nouvelle vérification n'ajouterait rien
à celle beaucoup plus nette que j'ai indiquée dans le pa-
ragraphe précédent, et je ne l'ai pas tentée. Malgré les
prévisions théoriques qui indiquaient cette coloration
transversale du liquide actif, on est surpris de voir le faisceau émergent du tube entièrement incolore, tandis que
ses parois brillent des plus vives couleurs, changeantes avec
le plan méridien suivant lequel on regarde. En supprimant
le polariseur, cette illumination prismatique, qui donne au
tube les reflets de l'opale, disparaît instantanément. L'essence de térébenthine se comporte comme le sirop de sucre
de canne, avec cette différence que la rotation *visible* du
plan de polarisation s'opère de droite à gauche, et que l'illumination latérale, qui, dans ce cas, conduit à tracer sur
le tube des hélices gauches, est compliquée d'une fluorescence sensible.

Influence de la réfrangibilité sur le pouvoir illuminant.

Le coeffficient d'illumination d'une substance transparente dépend de sa nature chimique, de sa constitution
moléculaire et de sa réfrangibilité, mais les essais compa-
ratifs que j'ai pu faire à cet égard ne sont pas encore assez
uombreux pour qu'il me soit permis de formuler des

conclusions précises ; les dissolutions salines incolores ne
donnent pas des résultats bien tranchés, d'autant plus que
les comparaisons photométriques sont rendues très-difficiles
par l'impossibilité d'obtenir des dissolutions d'une limpidité absolue. Le repos et la décantation sont les seuls moyens
auxquels on puisse recourir, car les filtrations répétées sont
tout à fait impuissantes à dépouiller un liquide des immon-
dices de l'atmosphère. Un filtre de papier est une sorte de
feutre tout saturé de corpuscules aériens que les liquides
aqueux entraînent abondamment. Je me contenterai de
dire, pour le moment, que les sels qui augmentent beaucoup l'indice de réfraction de l'eau accroissent dans une
proportion plus grande son pouvoir d'illumination : tels
sont les sels de plomb, de mercure et d'argent ; cette influence de la densité d'un liquide et de sa réfrangibilité
s'observe très-nettement avec les hydrocarbures saturés
qu'on retire par la distillation fractionnée de l'essence de
pétrole. Tous ces hydrures, depuis l'hydrure d'amyle jusqu'à l'hydrure de décyle, complétement incolores, d'une
limpidité et d'une transparence parfaites, s'illuminent avec
d'autant plus d'intensité, que leur densité est plus grande
et leur indice de réfraction plus élevé : ce qui montre bien
l'influence de la densité de l'éther sur le coefficient d'illumination, si l'on admet avec Fresnel que cette densité est
proportionnelle au carré de l'indice de réfraction. Le sulfure de carbone est au nombre des liquides qu'on peut
obtenir dans un grand état de pureté, et il s'illumine aussi
très-énergiquement, mais la lumière fluorescente qu'on
observe dans une direction normale au plan de polarisation a elle-même une grande intensité et représente les 0,6
de l'illumination totale ; en le saturant de phosphore, on
obtient une solution qui, décantée dans une atmosphère
d'acide carbonique, est limpide, d'une très-grande réfrangibilité, et dont l'illumination latérale est bien supérieure
à celle du sulfure de carbone pur, tandis que la fluores-

cence n'a pas augmenté : ce qui démontre encore l'influence
de la réfrangibilité sur le pouvoir illuminant. Le verre et le
cristal donnent lieu à des remarques analogues.

Fluorescence en général.

Lorsqu'un corps diaphane est illuminé par un faisceau
polarisé horizontalement, la lumière émise dans le sens
vertical est neutre, c'est-à-dire qu'elle ne renferme aucune
trace de lumière polarisée; elle est souvent colorée, et j'attribue, comme l'a fait M. Stockes, cette lumière à l'influence des molécules du corps, qui, après avoir absorbé
une partie du mouvement vibratoire propagé dans l'éther du
milieu transparent, deviennent alors des centres de vibration et propagent dans toutes les directions de la lumière
naturelle. On sait déjà, d'après les beaux travaux de
MM. Stockes et Edmond Becquerel, que ce sont, en général, les rayons les plus réfrangibles du spectre qui excitent
la fluorescence dans les solutions d'esculine, de quinine,
les sels d'urane, les platino-cyanures, etc., etc., et qu'un
rayon d'une réfrangibilité déterminée donne lieu à une
fluorescence de réfrangibilité moindre. Parmi les divers
procédés que M. Stockes a mis en œuvre, on connaît la
belle expérience du spectre linéaire, qui, projeté sur différents corps et regardé au travers d'un second prisme,
montre un spectre secondaire très-pâle, moins dévié, qui
est formé par les rayons fluorescents et permet de reconnaître cette propriété dans un grand nombre de corps
solides.

Mais tandis que M. Stockes opère avec un spectre linéaire
très-impur obtenu à l'aide d'un prisme dont les arêtes sont
perpendiculaires à la fente par laquelle arrive la lumière
solaire, on peut la modifier de manière à la rendre plus
concluante. Pour obtenir un spectre linéaire très-intense
et en même temps très-pur, il suffit de concentrer un large

faisceau de rayons solaires avec une lentille de quartz d'un
foyer de 25 à 30 centimètres, et de placer au foyer une
fente verticale qui devient la source lumineuse. Avec une
seconde lentille suivie d'un prisme dont les arêtes sont parallèles à la fente, on obtient un spectre linéaire très-vif,
dans lequel on distingue les principales raies solaires, et
qui projeté sur un papier blanc, par exemple, et regardé
au travers d'un second prisme, donne un spectre secondaire
qui s'étend, au moins dans la partie correspondante aux
rayons visibles, jusqu'au spectre primaire. On voit ainsi
que chaque rayon simple du spectre linéaire excite une
fluorescence complexe constituée par des rayons dont la
réfrangibilité varie depuis le rouge extrême jusqu'à la couleur propre du rayon excitateur. J'ai pu même constater
que certaines variétés de papier épais, ayant longtemps
servi d'écran, et jaunis dans un long contact avec l'air,
ont une phosphorescence appréciable, de telle sorte qu'il
suffit d'éteindre brusquement le spectre linéaire projeté
sur leur surface, pour le voir persister pendant une fraction de seconde avec toutes ses couleurs : ce qui prouve que
dans ce cas, c'est le rayon de même réfrangibilité que le
rayon excitateur qui domine dans l'émission lumineuse
que ce rayon a provoquée.

Fluorescence isochromatique.

Cette particularité que présente le papier oxydé dans un
contact prolongé avec l'air atmosphérique est justement
le phénomène constant que présentent la plupart des liquides, avec cette restriction, qu'une couleur simple y
excite exclusivement une fluorescence de même réfrangibilité. C'est ce qu'il est facile de vérifier avec les liquides
très-fluorescents, tel que le sulfure de carbone ou l'essence
d'anis. La lumière incidente étant tamisée par un verre
rouge, on l'observe directement au spectroscope, et l'on

dirige ensuite le collimateur de l'instrument normalement
au faisceau illuminé et au plan de polarisation.

La lumière fluorescente ainsi observée vient recouvrir
exactement les mêmes divisions du micromètre que la
lumière incidente. Le fait se vérifie pour tous les rayons
lumineux, excepté les rayons violets qui ne sont pas visibles
au spectroscope à cause de leur faible intensité, mais que
l'œil distingue encore nettement par vision directe.

Si la lumière polarisée incidente est blanche, en observant au spectroscope la lumière fluorescente du sulfure de
carbone, on y distingue quelqnes-unes des raies solaires et
entre autres les raies C, E et F, qui occupent sur le micromètre les mêmes positions que celles du spectre solaire lui-
même. Ces raies sont peu visibles, il est vrai, et manquent
de netteté. Mais si leur présence dans la lumière fluorescente n'est pas due à des traces de lumière polarisée prove-
nant des réflexions spéculaires sur les faces latérales de la
cuve où le liquide est placé, et qu'un polariscope de Savart
y décèle aisément, elle confirmerait avec plus de rigueur
l'identité de réfrangibilité du rayon excitateur et du rayon
fluorescent.

Pour étudier sur différents liquides cette fluorescence
spéciale, que j'appellerai si l'on veut *isochromatique,* j'ai
eu recours à diverses méthodes que je n'ai pas encore con-
trôlées par des essais nombreux, et dont je vais pourtant dire
quelques mots, afin de montrer les difficultés et les causes
d'erreur qui sont inhérentes à ce genre de recherches.

Un premier procédé consiste à interposer l'auge renfermant le liquide entre le prisme de Foucault, servant de
polariseur, et un nicol analyseur dont les sections principales sont croisées. Si, avant l'interposition du milieu iso-
trope, l'extinction du faisceau lumineux est complète, la
réapparition de la lumière qu'on observe en interposant le
liquide sera due exclusivement à la fluorescence, et comme
son intensité dépend de la longueur de la colonne du li-

quide illuminé, elle pourra être assez grande pour que
l'analyse spectroscopique s'opère sans difficulté. Théori-
quement, ce mode d'expérimentation semble irréprochable;
mais dans la pratique, on reconnaît d'abord qu'avec un
nicol analyseur l'extinction n'est jamais complète, quelque
délié que soit le filet lumineux. Le spectroscope placé sur
le trajet des rayons émergents donne toujours un spectre
très-pâle, où néanmoins l'œil distingue les principales raies
solaires. Si l'auge qui devra renfermer le liquide est alors
placée entre le polariseur et l'analyseur, l'intensité de ce
spectre augmente plus ou moins, suivant que le filet lumineux passe près des bords ou au centre des glaces qui li-
mitent la colonne liquide. On reconnaît ainsi que les glaces
minces elles-mêmes se comportent comme le verre trempé,
surtout près des points où elles adhèrent par un mastic au
tube qui contient le liquide. Il y a là une cause d'erreur
qu'il faut autant que possible écarter, quand on étudie
l'illumination latérale, et qu'on procède à des mesures photométriques. En général, quand l'obturateur est une glace
mince, les parties centrales sont sensiblement neutres, et
le léger accroissement d'intensité du spectre tient peut-être
à la fluorescence des glaces obturatrices. En introduisant
ensuite le liquide fluorescent très-pur, l'intensité du spectre
augmente beaucoup. Les raies solaires y sont encore très-nettement visibles, mais la conclusion qu'on peut en tirer n'est
pas inattaquable. L'expérience ainsi faite semble prouver
pourtant que, suivant la direction du faisceau lumineux,
l'intensité de la fluorescence isochromatique est bien plus
grande que dans toute autre direction.

Un second moyen susceptible d'une grande précision,
quand on veut comparer les réfrangibilités du rayon excitateur et du rayon fluorescent qui en dérive, c'est d'obtenir
un spectre ordinaire très-pur avec une lentille de quartz à
long foyer perpendiculaire à l'axe, suivie d'un prisme de
spath d'Islande dont les arêtes sont parallèles à l'axe optique

du cristal. Au point où se forme l'image ordinaire de la feute lumineuse et où les raies spectrales sont les plus nettes, on dispose un écran portant une fente étroite par laquelle passent successivement les divers rayons. Derrière l'écran et après le liquide fluorescent, un analyseur sert à éteindre ces rayons polarisés dans un plan parallèle aux arêtes du prisme. A la suite du polariseur, le spectroscope reçoit le rayon polarisé ou la lumière fluorescente qui en provient lorsque l'extinction a lieu. Cette méthode, malgré le défaut d'extinction complète, permet de reconnaître les plus petites différences de réfrangibilité du rayon excitateur incident et du rayon fluorescent. J'ai pu, dans quelques essais peu nombreux, vérifier très-nettement la fluorescence isochromatique du sulfure de carbone, de l'essence d'anis et de quelques autres carbures hydrogénés.

Quant aux rayons ultra-violets que cette méthode isole, ils ne donnent pas de fluorescence visible, si ce n'est pour les liquides à fluorescence verte ou bleue, comme certains pétroles. Il faut les concentrer en masse avec une lentille de quartz, et leur action sur le liquide s'observe alors directement. Avec le sulfure de carbone, ils développent une fluorescence bleue très-faible et qui doit être observée dans une profonde obscurité. Il est probable qu'il doit en être de même pour la plupart des liquides à fluorescence isochromatique, car, chez tous, la fluorescence complexe qu'excite le faisceau solaire a une teinte blanche légèrement bleuâtre, qui est bien appréciable avec le sulfure de carbone; d'où l'on devrait conclure que les rayons chimiques non lumineux excitent toujours une fluorescence de moindre réfrangibilité, sauf les cas où ils éprouvent une absorption spéciale, comme cela a lieu pour la dissolution du soufre dans le sulfure carbonique. Dans ce cas, en effet, ces rayons provoquent la tranformation du soufre soluble en soufre insoluble.

Il est d'ailleurs un moyen bien simple de constater dans

un grand nombre de solides et de liquides cette fluorescence spéciale avec changement de réfrangibilité qu'excitent les rayons les plus réfrangibles du spectre solaire, et qu'on pourrait appeler *fluorescence hypochromatique* : il suffit d'interposer sur le trajet du faisceau lumineux polarisé nu écran coloré, soit un verre violet, soit une auge renfermant certains liquides colorés, tels qu'une dissolution d'iode dans l'hydrure d'amyle, etc. Tandis que la lumière transmise par le corps soumis à l'expérience est d'un violet foncé, l'illumination latérale dans un plan normal au plan de polarisation est d'un bleu clair plus ou moins intense. C'est ainsi qu'une dissolution aqueuse ou alcoolique de platino-cyanure de magnésium montre une fluorescence comparable par son intensité à celle du sulfate de quinine. Citons encore l'acétone, l'acide acétique cristallisable, l'éther amyl-acétique, la dextrine, la plupart des essences, l'acétate d'alumine, les sels d'ammoniaque, l'azotate de strontiane, etc., qui, tous à divers degrés, s'illuminent en bleu clair avec les rayons violets et ultra-violets. Dans ces conditions, le crown et le flint s'illuminent au contraire en jaune ou vert.

La solution alcoolique de chlorophylle, soumise à ce mode d'expérimentation, présente quelques particularités qui n'ont pas été signalées. Elle absorbe, comme on sait déjà, toute la partie du spectre située au delà de la raie F et donne, dans la partie la moins réfrangible, cinq bandes d'absorption; la plus large de ces bandes s'étend de la raie B jusqu'au delà de C, et ce sont ces rayons absorbés qui excitent particulièrement la fluorescence rouge que présente ce liquide, en les transformant en rayons moins réfrangibles qui avoisinent la raie A. Aussi le spectre de la chlorophylle présente-t-il plus d'intensité dans le voisinage de cette raie qui se détache alors avec plus de netteté. On reconnaît, en effet, que le sulfate de quinine, le verre d'urane, le bichromate de potasse, une dissolution de soufre dans le sulfure de carbone, etc., n'éteignent pas la fluorescence de la chlorophylle ; la chlorophylle, au contraire, éteint la fluorescence du sulfate de quinine et en grande partie celle du verre d'urane, en même temps qu'elle empêche la transformation du soufre soluble en soufre insoluble que provoque la moitié la plus réfrangible du spectre à partir de la raie F.

Remarquons maintenant que la fluorescence isochromatique, qui est si générale dans les liquides, donne dans la direction normale au plan de polarisation une lumière sensiblement blanche, qu'on peut comparer photométriquement avec l'illumination latérale qui contient à la fois la lumière neutre et la lumière polarisée. Les rapports d'intensité de ces deux illuminations s'obtient directement avec le photomètre précédemment décrit, en visant normalement au faisceau et passant de l'une à l'autre par un quart de rotation du polariseur. L'égalité des lumières étant établie pour l'illumination maximum, on la maintient en tournant le nicol photométrique ; le carré du cosinus de la déviation donne immédiatement le rapport cherché. C'est ainsi que j'ai trouvé, pour la valeur de ce rapport :

Collodion   0,07
Alcool ethylique.. . .   0,16
Alcool amylique.. . . .   0,34
Sulfure de carbone. . .   0,60

Cette épreuve permet, dans certains cas, d'apprécier le degré de pureté d'un liquide. Pour ne citer qu'un exemple, la fluorescence de l'alcool méthylique pur est faible et à peu près égale à celle de l'alcool vinique, lorsqu'il a été préparé par la décomposition de son éther oxalique, tandis que l'esprit de bois le mieux rectifié, parfaitement incolore et ayant un point d'ébullition constant à 66 degrés, possède une fluorescence comparable à celle du sulfure de carbone ; cela vient de faibles traces de matière goudronneuse qu'il tient encore en dissolution.

Cette question de la fluorescence, telle que je viens de l'ébaucher, demande évidemment une étude plus suivie et plus de temps que je n'ai pu y consacrer ; j'espère y revenir dans un prochain travail. Je ne saurais rien dire aussi de bien positif touchant la propagation latérale du mouvemet calorifique ; les tentatives peu nombreuses que j'ai faites pour l'observer ne m'ont donné que des résultats à peu près négatifs, et je les attribue en grande partie au défaut de sensibilité de la pile thermométrique et du galvanomètre dont je me suis servi.

PARIS. — IMPRIMERIE DE GAUTHIER-VILLARS,
Rue de Seine-Saint-Germain, 10, près l'Institut.